BEI GRIN MACHT SICH IHR WISSEN BEZAHLT

- Wir veröffentlichen Ihre Hausarbeit, Bachelor- und Masterarbeit

- Ihr eigenes eBook und Buch - weltweit in allen wichtigen Shops

- Verdienen Sie an jedem Verkauf

Jetzt bei www.GRIN.com hochladen und kostenlos publizieren

Aktuelle Stadtentwicklungsprojekte in Marokko. Auf dem Weg zu Städten des 21. Jahrhunderts?

Jonah zur Brügge

Bibliografische Information der Deutschen Nationalbibliothek:

Die Deutsche Nationalbibliothek verzeichnet diese Publikation in der Deutschen Nationalbibliografie; detaillierte bibliografische Daten sind im Internet über http://dnb.d-nb.de abrufbar.

ISBN: 9783346779212
Dieses Buch ist auch als E-Book erhältlich.

Das Buch bei GRIN: https://www.grin.com/document/1306511

Aktuelle Stadtentwicklungsprojekte in Marokko - auf dem Weg zu Städten des 21. Jahrhunderts?

Vorgelegt von:

Jonah zur Brügge

Inhaltsverzeichnis

1. Einleitung

Die *„Villes nouvelles"* sind im Konzept des islamisch-orientalischen Stadtmodells prominenter Ausdruck westlicher Überformung durch europäische Kolonialherren bzw. Mandatsmächte. Marokko hat jedoch Mitte der 2000er-Jahre ein eigenes Städtebauprogramm ins Leben, bei dem geplante Städte auf der grünen Wiese von Grund auf aufgebaut werden. Diese Städte werden ebenfalls mit dem geschichtsträchtigen Namen *„Villes nouvelles"* tituliert. Sie sind allerdings anders als ihre Vorgänger Ausdruck marokkanischer Ambitionen, sich in der Hierarchie der globalen Märkte auf eine höhere Stufe zu stellen. Das sog. *Programme du villes nouvelles* ist dabei nur eines der ehrgeizigen Programme des marokkanischen Königshauses.

Seit zwei Jahrzehnten regiert nun König Mohammed VI., der bereits früh in seiner Amtszeit eine Reihe von prestigeträchtigen Megaprojekten initiierte, welche seither die Stadtentwicklung Marokkos prägen. Eingebettet sind diese Megaprojekte einerseits in eine globalisierte, neoliberale Transformation des marokkanischen Königreichs und andererseits in persistierende autoritäre Strukturen. Darüber hinaus kämpfen die marokkanischen Städte mit einer rapiden Verstädterung und einer sozialen Polarisierung.

Diese Arbeit charakterisiert zunächst die Megatrends der marokkanischen Stadtentwicklung, bevor deren zentrale Merkmale exemplarisch anhand von Beispielen konkreter Projekte dargelegt werden.

2. Stadtentwicklung in Marokko

Seit der Mitte der 1980er-Jahre ist die Stadtentwicklungspolitik Marokkos von einer neoliberalen Modernisierung geprägt und wird seit der ersten Hälfte der 2000er-Jahre von einer Vielzahl urbaner Großprojekte („Megaprojekte"[1]) bestimmt. Diese Entwicklungen sind vor allem Ausdruck des verschärften internationalen Wettbewerbs zwischen Städten und Metropolen im Zuge der Globalisierung. In diesem Zusammenhang sollen die marokkanischen Städte als zunehmend autonome, unternehmerische Akteure ausländische Investoren anlocken sowie die Integration der marokkanischen Wirtschaft in den Weltmarkt vorantreiben. Die Megaprojekte dienen hierbei laut Bogaert (2018a: 51; zit. n. BEIER 2020: 1830) als *„showcases to the outside world"* und werden stark medialisiert global vermarktet. Dementsprechend konzentrieren sich die großen Entwicklungsprojekte überwiegend auf die größten Städte Marokkos sowie wichtige touristische Standorte und fokussieren mit ihren hochwertigen Bauvorhaben eine gehobene, internationale Zielgruppe. (ZEMNI u. BOGAERT 2011: 404)

Flankiert werden die vielseitigen Stadtentwicklungsprojekte durch umfangreiche Investitionen in die nationale Verkehrs- und Energieinfrastruktur. Auch hier dominieren prestigeträchtige „Megaprojekte" mit internationalem Symbolcharakter wie bspw. der 2007 eröffnete Seehafen *TangerMed*, der Bau der 2,4 Milliarden US-Dollar teuren Hochgeschwindigkeitszugstrecke (*Al Boraq*) zwischen Tanger und Kenitra mit durchgängigen Verbindungen via Rabat bis Casablanca oder das in etwa gleich teure Solarkraftwerk *Noor* nordöstlich von Ouarzazate, welches nach seiner vollständigen Fertigstellung voraussichtlich das zweitgrößte Solarkraftwerk der Welt sein wird. (THE BUSINESS YEAR 2020)

Neben Großprojekten zur Stadterneuerung initiierte der marokkanische Staat 2004 ein nationales Programm mit dem Ziel der Errichtung von *„New Towns"* in den Randbereichen bestehender Großstädte (*„Programme de villes nouvelles"*),

---

[1] Der Begriff „Megaprojekt" ist nicht exakt definiert und fungiert zunehmend als Sammelbegriff unterschiedlichste Großvorhaben. Im Allgemeinen wird ein Megaprojekt durch eine beträchtliche physische Größe, massive öffentliche und privatwirtschaftliche Investitionen (keine feste Investitionshöhe, regionaler ökonomischer Kontext muss in Relation gesetzt werden), ein tiefes Engagement öffentlicher und privater Stakeholder sowie eine signifikante qualitative Bedeutung charakterisiert. (BARTHEL (2016: 273)).

um die überfüllten städtischen Zentren zu entlasten und die rapide Verstädterung des Landes in geordnete Bahnen zu lenken. (BALLOUT 2017)

Ebenfalls 2004 rief die marokkanische Regierung das Projekt „Villes sans Bidonvilles" (dt. „Städte ohne Slums") ins Leben, welches das Ziel verfolgt, informelle Siedlungen in 85 Städten Marokkos zu beseitigen. Das Projekt lässt sich als Reaktion auf die Selbstmordattentate in Casablanca von 2003 verstehen, bei dem die Täter aus einem der Slums von Casablanca stammten. Im Kontext des globalen Wettbewerbs um Investitionen internationaler Investoren und die Ansiedlung von Unternehmen, schaden derartige Terroranschläge sowie informelle Siedlungen als Unsicherheitsfaktoren einem guten Investitions- und Wirtschaftsklima. (BOGAERT 2018b: 7)

Sowohl die urbanen und infrastrukturellen Megaprojekte als auch die Beseitigung von informellen Siedlungen können nach Beier (2019: 30) als Praktiken des Konzepts des „Worlding" zugeordnet werden. Das Konzept beschreibt das Bestreben von Regierungen des „Globalen Südens", die Position ihres Landes in der Hierarchie der globalen Märkte durch eine Beeinflussung ihres Images zu verbessern.[2] Hierbei kommt dem „Worlding" von Städten aufgrund ihrer herausgehobenen Bedeutung als politische, wirtschaftliche und kulturelle Zentren eine zentrale Rolle zu. Urbane „Worlding"-Praktiken verfolgen dabei das Ziel, die jeweilige Stadt im Sinne einer *world class city* als „modern", „global", „smart" oder „nachhaltig" zu präsentieren. Damit soll in erster Linie das Interesse internationaler Investoren und Touristen geweckt werden. Zentrale Instrumente dafür sind eine zeitgemäße Stadtentwicklung sowie ein erfolgreiches Stadtmarketing inkl. City Branding (bspw. *„Rabat – City of Lights"*), bei dem Megaprojekte aufgrund ihrer medialen Strahlkraft einen wichtigen Baustein bilden, die globale Signifikanz einer Stadt oder einer Region hervorzuheben. Demgegenüber werden Slums als Inbegriff einer unterentwickelten und unkontrollierten Stadtentwicklung verstanden, die dem Image eines

---

[2] Das Konzept des „Worlding" steht damit in Opposition zur eher starren Hierarchie von Sassens „Global City"-Konzept, welches sich auf wenige Städte des „Globalen Nordens" konzentriert und nicht zur Erklärung der deutlich dynamischeren Entwicklung der aufstrebenden Städte des „Globalen Südens" im globalen Kontext herangezogen werden kann. (BEIER (2019: 29f.)).

aufstrebenden, politisch stabilen und wirtschaftlich wettbewerbsfähigen Landes zuwiderlaufen. (BEIER 2019: 30; BEIER u. NOLTE 2020: 2f.)

Beier und Nolte (2020: 3) sehen auch in den marokkanischen Megaprojekten das Bestreben nach „Weltklasse" und weisen sie als Teil von nationalen „Worlding Strategien" aus, die Marokkos Image auf den globalen Märkten als *a reliable and stable emerging economy*" stärken sollen. Gleiches gilt für das „Städte ohne Slums"-Programm.

Wichtige Bestandteile einer international wettbewerbsfähigen *„world class city*" ist das Vorhandensein von hochwertigen Stadterneuerungsprojekten in den „besten Lagen" einer Stadt sowie „smarte" und „grüne" Projekte. Damit einhergehend ist vielen Küstenstädten der MENA[3]-Region eine Hinwendung der Stadtplaner zum Wasser zu beobachten. Auch in Marokkos Küstenstädten sind die primären Stadtentwicklungsvorhaben exklusive Waterfront-Development-Projekte (z. B. *Casa-Marina* (Casablanca) oder *Tanja Marina Bay* (Tanger)). Gleichzeitig werden zunehmend umweltfreundliche Projekte beworben, um dem Nachhaltigkeitsanspruch moderner Großstädte gerecht zu werden. Ein marokkanisches Beispiel hierfür ist die *Eco-City Zenata* nördlich von Casablanca. Zudem sollte eine Stadt mit Ambitionen einer *„world class city"* über eine moderne Verkehrsinfrastruktur verfügen. Neben den nationalen Infrastruktur-Megaprojekten (*Al Boraq*, umfangreicher Ausbau des Highway-Netzes etc.) sind auf Stadtebene in Marokko vor allem der Bau von modernen Straßenbahnnetzen in Rabat/Salé und Casablanca Ausdruck von „Worlding"-Ambitionen. (BEIER 2019: 30f; BEIER u. NOLTE 2020: 3)

Eine nachhaltige Stadtentwicklung als Leitbild einer zeitgemäßen Stadtentwicklung im 21. Jahrhundert fordert jedoch auch eine Partizipation der lokalen Bevölkerung. Eine aktive, bürgerliche Partizipation ist jedoch in der marokkanischen Stadtentwicklungspolitik nicht vorgesehen. Dies zeigt sich auch im Programm „Städte ohne Slums", welches unter anderem die Umsiedlung von landesweit ca. 400.000 Haushalten an die peripheren Ränder der marokkanischen Städte vorsieht. Bis Juni 2018 wurden 58 der 85 im Programm aufgeführten Städte als frei von Slums gemeldet. Offiziell wurden beim „Städte

---

[3] Middle East and North Africa

ohne Slums"-Programm Möglichkeiten der Partizipation (*accompagnement social*) für die betroffenen Bewohner aufgeführt, in der Regel hatten diese jedoch keine formelle Einflussmöglichkeit und die Beteiligungsforen waren auf einen informativen Charakter beschränkt. Nichts desto trotz wurden einzelne Umsiedlungsvorhaben von Protesten der Slumbewohner begleitet, die zum Teil Kompromisse oder die Verzögerung der Maßnahmen erreichen konnten. Ebenfalls über wenig Einflussmöglichkeiten verfügen kommunale Behörden, da in Marokko zentrale stadtpolitische Entscheidungen vom Königshaus bzw. vom König Mohammed VI. (Inthronisierung 1999) persönlich getroffen werden können und darüber hinaus bindend sind. (BEIER 2018: 16f; ATIA 2019: 1)

Das marokkanische Königshaus ist seit der Unabhängigkeit Marokkos *der* zentrale Akteur in der nationalen Wirtschaft sowie der Stadtentwicklungspolitik. Daran änderten auch neoliberale Strukturanpassungsreformen in den 1980er-Jahre nichts. Marokko wandelte sich in dieser Zeit, gedrängt durch Auflagen des Internationalen Währungsfonds und der Weltbank, wirtschaftspolitisch von einem interventionistischen Entwicklungsstaat mit developmentalistischem Zügen zu einem Staat mit einer liberalen, marktorientierten Wirtschaftspolitik. Wie im letzten Absatz bereits angedeutet, ist die neoliberale Wirtschaftspolitik allerdings eingebettet in eine konstitutionelle Monarchie mit einer stark autokratischen Prägung. Der König hat weitgehende gesetzgeberische und judikative Kompetenzen und zudem durch seinen Status als Mehrheitsgesellschafter an einer Vielzahl großer öffentlicher und privater Unternehmen direkten Einfluss auf die nationale Ökonomie. (GRAUSAM et al. 2014: 20; HAJJI 2020: 28)

Eine Politik des Neoliberalismus orientiert sich an den Prinzipien des freien Marktes (Deregulierung) und reduziert staatliche Eingriffe in die Wirtschaft auf ein Minimum. Die Aufgabe des Staates in einer neoliberalen Wirtschaftsordnung kommt der eines „Schützers" des freien Marktes und Wettbewerbs gleich. Er soll fairen Wettbewerb herstellen und überwachen sowie selbst nach betriebswirtschaftlichen Prinzipien wie ein Marktteilnehmer auftreten. Der Staat kombiniert folglich eine umfassende *Laissez Faire*-Politik mit regulativen Eingriffen zugunsten der Förderung des Wettbewerbs. Staatliche Kompetenzen werden dabei zunehmend auf supranationale (*upscaling*) sowie subnationale und städtische Ebenen (*downscaling*) übertragen. (ESCHER et al. 2018: 52; WIPPEL 2019: 36)

Neoliberale Stadtentwicklung(-spolitik) kennzeichnet vor allem eine durchdringende Ökonomisierung sowie ein Rückzug der öffentlichen Hand aus der Stadtentwicklung und Daseinsvorsorge. An die Stelle öffentlicher Lenkung tritt ein „Zusammenspiel staatlicher, kommunaler und privater Steuerungs- und Regelungssysteme (Governance)." (ESCHER et al. 2018: 52) Dabei kommt es u. a. zu weitreichenden Privatisierungen und Kommodifizierungen. Die neuen Institutionen, Öffentlich-Private-Partnerschaften (PPP), Sonderagenturen und privaten Dienstleister, agieren erwerbswirtschaftlich bzw. sind gewinnorientiert.

Eine neoliberale Stadtentwicklungspolitik im Sinne einer unternehmerisch agierenden Stadt ist den Zwängen des freien Markts und der nationalen und internationalen städtischen Konkurrenz ausgeliefert. In Folge dessen verlagert sich der Fokus der Stadtentwicklung auf die Förderung von weichen und harten Standortfaktoren. Die Förderung harter Standortfaktoren umfasst allen voran „die Bereitstellung wirtschaftskonformer regulatorischer, fiskalischer, infrastruktureller und versorgungstechnischer Vorleistungen." (WIPPEL 2019: 36) Hinzu kommt die zunehmende Bedeutung der Optimierung weicher Standortfaktoren durch "städtebauliche Maßnahmen zur Attraktivitätssteigerung für hochqualifizierte Arbeitskräfte, wohlhabende Bevölkerungsgruppen und ausgabenfreudige Touristen." (WIPPEL 2019: 37)

Die konkreten städtebaulichen Maßnahmen decken sich mit denen des urbanen "Worldings": Großskalierte Revitalisierungsprojekte, in Küstenstädten vornehmlich als Waterfront-Development-Projekte, mit spektakulärer Architektur und Landmarken, zudem die "Touristifizierung" und "Festivalisierung" der Stadt. Die Projekte dienen im Sinne einer Aufmerksamkeitsökonomie primär dem Standortmarketing bzw. dem City Branding. Die Folge ist eine Orientierung der Stadtentwicklung an den wirtschaftlichen Interessen von renditeorientierten Investoren sowie den Vorlieben zahlungskräftiger Touristen, was jedoch die Bedürfnisse der ärmeren Stadtbevölkerung sowie die Interessen der breiten Gesellschaft vernachlässigt. Durch die Fokussierung auf wenige Teilbereiche der Stadt anstelle einer kohärenten gesamtstädtischen Stadtplanung (*„splittering* *urbanism"*) besteht zudem die Gefahr einer verstärkten Segregation und Fragmentierung der Stadt. (WIPPEL 2019: 37ff.)

In Marokko lassen sich Prinzipien neoliberaler Stadtentwicklung deutlich erkennen. So sind die meisten Megaprojekte auf wohlhabende Bevölkerungsschichten und die Bedürfnisse der internationalen Hochfinanz ausgerichtet. Zudem ist u. a. Marrakech als ein Musterbeispiel für urbane „Touristifizierung" zu nennen. Die Vernachlässigung der Probleme der sozioökonomisch weniger privilegierten Bevölkerung zeigt sich vor allem durch die sich verschlechternde Wohnungssituation dieses Teils der Bevölkerung inkl. Wohnraummangel, da einerseits weniger Sozialbau in den Städten betrieben wird und andererseits durch eine größere Konkurrenzsituation auf dem Wohnungsmarkt, ausgelöst durch eine höhere Nachfrage von wohlhabenden Touristen, marokkanischen Rückwanderer sowie den Trend der Verkleinerung der Haushaltsgröße. Gleichzeitig kommt es aufgrund von einem immensen ökonomischen und infrastrukturellen Stadt-Land-Gefälle zu vermehrter Stadtflucht von ärmerer Landbevölkerung und damit zu einer zusätzlichen Steigerung der Konkurrenz um bezahlbaren Wohnraum. Demgegenüber steigt allerdings paradoxerweise auch der Bestand leerstehender Wohnungen, was darauf schließen lässt, dass das Angebot an freien Wohnungen nicht dem Bedarf entspricht. Darüber hinaus werden minderprivilegierte Bevölkerungsschichten wie die Bewohner der *Bidonvilles* durch Umsiedlung aus den Zentren der Städte in peripher gelegene Wohngebiete verdrängt, die ferner über eine unzureichende verkehrliche Anbindung an die Stadtzentren verfügen. (GRAUSAM et al. 2014: 36; ESCHER et al. 2018: 52)

Bei der Bewertung des „Städte ohne Slums"-Programm kommen Zemni und Bogaert (2011: 414) dementsprechend zu dem Ergebnis, dass das Programm lediglich Armut verlagert und soziale Unterschiede reproduziert, statt diese zu verringern. Das Programm sei ferner nicht als primär soziales Projekt zu deklarieren, sondern als Versuch die *Bidonville*-Bewohner in die Hierarchie der neoliberalen Gesellschaftsordnung zu integrieren.

Institutionell ist die Stadtentwicklung in Marokko ebenfalls stark neoliberal geprägt. So werden die Megaprojekte in Marokko von speziellen staatlichen

Agenturen gesteuert, die finanziell unabhängig agieren und denen im Projektraum weitreichende exekutive und planerische Freiheiten gegeben werden. Anzumerken ist in diesem Zusammenhang, dass die neoliberale Transformation und die *Agencification* in Marokko eingebettet ist in einen persistierenden Autoritarismus. So fasst Bogaert (2018b: 9) die weiterhin zentrale Rolle des Könighauses wie folgt zusammen: *„Whereas Hassan II* [König von Marokko 1961 – 1999; Anm. d. Verf.] *ruled with an iron hand, Mohamed VI rules via holdings, funds and new state agencies. The result is not less authoritarianism, but rather authoritarianism with a different face: new institutions, new planning methods and new (global) relations of power."*

Gestützt wird die Kontrolle des Staates über die Stadtentwicklungsprojekte demnach durch Partnerschaften mit ausländischen, vorwiegend aus den Golfstaaten stammenden Investoren, an deren Bedürfnissen die zentralen Bestandteile der großen Stadtentwicklungsprojekte ausgerichtet werden. Zwei bedeutende Beispiele für (halb-)staatliche Holdings bzw. Agenturen im Bereich Stadtentwicklung sind die privatrechtliche *CDG Développement* (hundertprozentige Tochtergesellschaft der staatlichen Holdinggesellschaft *Caisse de dépot et de gestion (CDG))*, welche mit ihren nachgelagerten projektbezogenen Tochtergesellschaften für zahlreiche urbane Großprojekte (u. a. *Casa-Marina, Zenata* und *Casa-Anfa/Casablanca Finance City*) verantwortlich ist sowie die speziell für das *Bouregreg Valley Development Project* ins Leben gerufene halbstaatliche *L'Agence pour l'aménagement de la vallée du Bouregreg* (AAVB). Durch die Übertragung von Kompetenzen auf die Agenturen behält das Königshaus, trotz neoliberaler Reformen, im Zuge dieser Re-Institutionalisierung die Kontrolle über die räumliche Entwicklung des Landes, da die Agenturen sich nicht gegenüber den lokalen Autoritäten legitimieren müssen, sondern ihre Legitimation allen voran durch den König selbst erhalten. Oftmals ist der König bspw. der Initiator der großen Entwicklungsprojekte und labelt sie teilweise als „royale" Projekte, was ihren Stellenwert anhebt und sie gleichzeitig weniger angreifbar macht. Darüber hinaus ernennt er Teile des Führungspersonals der Agenturen wie z. B. den Executive Director der CDG und übt so auch personell direkten Einfluss aus. (BARTHEL 2014: 250; BOGAERT 2018b: 8f; CDG 2021c)

3. Aktuelle Stadtentwicklungsprojekte

Folgend wird eine Auswahl urbaner Megaprojekte in und um die beiden primären Städte Marokkos – Rabat und Casablanca – näher vorgestellt werden, die exemplarisch sind für die aktuelle marokkanische Stadtentwicklungspolitik.

3.1.   Urbane Großprojekte in und um Casablanca

Casablanca ist das finanzielle Zentrum Marokkos und hat eine lange Tradition städtebaulicher Megaprojekte. Das erste Megaprojekt (1986 – 1993) – auch landesweit – war der Bau der Hassan-II.-Moschee, einer der größten muslimischen Gotteshäuser weltweit mit einem 200 Meter hohen Minarett und Platz für 25.000 Gläubige. (vgl. Abb. 1) Der Moschee-Bau war zudem der Beginn einer Renaissance der städteplanerischen Hinwendung marokkanischer Städte zum Meer, welche als Megatrend mit zahlreichen weiteren Waterfront-Development-Projekten bis heute anhält. (BOGAERT 2011: 203)

[Die Abbildung wurde aus urheberrechtlichen Gründen von der Redaktion entfernt.]

Abbildung 1: Modellplan des Projekts "Avenue Royale" in Casablanca (Mitte). Im Vordergrund ist die bereits errichtete Hassan-II.-Moschee zu sehen. (ENVIRONMENTAL JUSTICE ATLAS 2017)

In direkter Nachbarschaft zu Hassan-II.-Moschee besteht seit 1993 der Plan der Errichtung eines 60 Meter breiten und 1,5 Kilometer langen Boulevards, der *Avenue Royale*, zur Verbindung der Küstenlinie bzw. der Moschee mit dem Stadtzentrum. (vgl. Abb. 1) Im Rahmen des Projektes sollten dafür 17.000 Familien umgesiedelt werden. Bis heute ist das Projekt, welches massive

Proteste unter den betroffenen, vorwiegend armen Bewohnern hervorrief, nicht vollendet. Die mit der Realisation des Projekts betraute *Société nationale de développement et d'aménagement communal* (SONADAC), befindet sich seit 2007 im Mehrheitsbesitz der bereits in Kapitel 2 erwähnten *CDG Développement* und ist eines der vier zentralen Projekte im Großraum Casablanca (*Grand Casablanca*) unter der Führung der Holding. (BOGAERT 2011: 205f; USE 2021)

[Die Abbildung wurde aus urheberrechtlichen Gründen von der Redaktion entfernt.]

Abbildung 2: Standorte der drei Stadtentwicklungsprojekte Casa Anfa, Casa Marina und Zenata in Casablanca (CDG 2021a; Auschnitt, verändert)

Während die *Avenue Royale* von König Hassan II. initiiert wurde, sind die drei neueren Projekte, *Casa Marina, Casa Anfa* und die *Ville nouvelle Zenata* erst nach der Thronbesteigung von Mohammed VI. entwickelt worden.

Nordöstlich der Kernstadt von Casablanca entsteht direkt an der Küstenlinie die *Ville nouvelle* Zenata, eine als EcoCity geplante *New Town* für voraussichtlich 300.000 Einwohner. Gesteuert und realisiert wird das Projekt von der *Société d'Aménagement de Zenata* (SAZ), einer privatrechtlichen Tochtergesellschaft der *CDG Développement*. Das ca. 1.830 Hektar umfassende Planungsgebiet bestand zuvor überwiegend aus Farmland und *Bidonvilles*. *Zenata* soll die erste EcoCity Afrikas werden und dabei helfen, Marokko in die Ära des *Eco Urbanism* zu führen. (BARTHEL 2016: 274ff.)

Zenata lässt sich darüber hinaus anhand der in Kapitel 2 aufgeführten Merkmale als Megaprojekt klassifizieren. Dies gilt zunächst aufgrund der großen physischen Größe des Projektes, aber auch aufgrund des geschätzten Investitionsbedarfs von 21 Milliarden Dirham (ca. 1,94 Milliarden Euro[4]) sowie der besonderen institutionellen Struktur mit einer privat organisierten, global verantwortlichen Entwicklungsgesellschaft und der großen lokalen sowie überregionalen Bedeutung (erste EcoCity des Kontinents; initiiert von König Mohammed VI.). Das Projekt ist aufgeteilt in drei Phasen und soll 2023 abgeschlossen werden. (CDG 2021d)

Die *EcoCity Zenata* soll sowohl den ökologischen als auch den sozialen Anforderungen einer nachhaltigen Stadtentwicklung entsprechen. So verfügt es bspw. über ein multimodales öffentliches Verkehrsnetz inkl. einem Busnetz, einer Bahnanbindung (RER) an Casablanca und einer Straßenbahnlinie sowie 44 Kilometer Rad- und Fußwege. Hinzu kommen ca. 470 Hektar Grünflächen sowie ein auf Nachbarschaftsebene skaliertes Konzept zur Funktionsmischung, sodass die wichtigsten öffentlichen und privaten Einrichtungen jeweils fußläufig von den Wohneinheiten erreichbar sind, sodass die Bewohner innerhalb der Stadt nicht auf ein Auto angewiesen sind. Hinsichtlich der sozialen Dimension nachhaltiger Stadtentwicklung stehen vor allem die soziale Durchmischung der Wohnbevölkerung sowie die Umsiedlung der vorhandenen *Bidonville*-Bewohner im Vordergrund. Primäre Zielgruppe ist die aufstrebende Mittelschicht Marokkos. Positiv anzumerken ist, dass die viele der ca. 30.000 Bewohner der *Bidonvilles* im Planungsgebiet *in situ* umgesiedelt werden. (CENTER FOR MEDITERRANEAN INTEGRATION (CMI) 2019: 64ff.)

Im Gegensatz zum Ecocity-Projekt *Zenata*, ist das 45 Hektar umspannende Waterfront-Development-Projekt *Casa Marina* ein Beispiel für ein innerstädtisches „*high-end*"-Megaprojekt inkl. einer Marina mit 130 Liegeplätzen, gehobenen Wohn-, Kultur- und Freizeiteinrichtungen, erstklassigen Büroflächen sowie einem gläsernen 150 Meter hohen Wolkenkratzer als Landmarke. Durchgeführt und vermarktet wird das schätzungsweise 8 Milliarden Dirham (740 Millionen Euro[5]) teure Projekt durch *Al Manar*. Diese private Holding ist zu 70% in Besitz von *CDG Développement* und zu 30% in Besitz von *Sama Dubai,* einer halbstaatlichen Investmentholding aus den Vereinigten Arabischen Emiraten.

---

[4] Wechselkurs am 09. Januar 2021
[5] Wechselkurs am 09. Januar 2021

Ziel ist die Aufwertung der Waterfront zwischen dem neuen Bahnhof Casa-Port und der Hassan-II.-Moschee, was dazu beitragen soll, Casablanca als *„one of the major commercial and tourist cities in the region and the world"* (CDG 2021b) zu positionieren. (BARTHEL u. PLANEL 2010: 177ff.)

Das größte innerstädtische Megaprojekt in Casablanca ist das Projekt *Casa Anfa*, in dessen Rahmen u. a. die *Casablanca Finance City* (CFC) entsteht. *Casa Anfa* entsteht als Industriebrachenrevitalisierungsprojekt auf dem Gebiet des ehemaligen Flughafens Casablanca-Anfa und umfasst 350 Hektar[6]. Während das Projekt *Casa Marina* einen *mixed-use* Ansatz verfolgt, liegt der Fokus des Projekts *Casa Anfa* mit der Errichtung der CFC auf der Entwicklung eines Finanz- und Businesshubs als neues geschäftliches Zentrum mit internationaler Reichweite. Beiden Projekten ist gemein, dass es sich um gehobene urbane Aufwertungsprojekte handelt, die vor allem auf internationale Kapitalgeber und die oberen sozioökonomischen Schichten zugeschnitten sind. Wie auch bei den anderen Projekten in Casablanca, steht das gesamte Projekt unter der Kontrolle eines Generalunternehmers, der für das Projekt gegründeten *CDG Développement*-Tochtergesellschaft *Agence d'Urbanisation et de Développement d'Anfa* (AUDA). (CDG 2021c)

Das Projektgebiet ist in drei Quartiere unterteilt, von denen die Quartiere *Anfa Cité de l'Air* und *Anfa-Club* primär für hochwertige Wohnbebauung vorgesehen sind und das Quartier *Place Financière* mit der CFC das ökonomische Zentrum des Viertels bildet. Die einzelnen Quartiere werden sind durch die 50 Hektar große Parkanlage *Anfa Park* verbunden. Nach ihrer vollständigen Fertigstellung soll der Stadtteil *Casa Anfa* Wohnraum für 100.000 Menschen sowie 100.000 Menschen einen Arbeitsplatz bieten. (AUDA 2021)

---

[6] Zum Vergleich: Das Stadtentwicklungsprojekt „HafenCity" Hamburg, eines der größten innerstädtischen Stadtentwicklungsprojekte Europas, umfasst ein Gebiet von 157 Hektar (HAFENCITY HAMBURG (2020))

3.2. Das *Bouregreg Valley Development Project* (Rabat/Salé)

[Die Abbildung wurde aus urheberrechtlichen Gründen von der Redaktion entfernt.]

Abbildung 3: Übersichtsplan über das Bouregreg Valley Development Project (URBAN PROJECT FINANCE INITIATIVE 2021)

Das größte Stadtentwicklungsprojekt Marokkos ist das *Bouregreg Valley Development Project* zwischen der Hauptstadt Rabat und ihrer Schwesterstadt Salé. Das Projekt steht im Zentrum des Stadtmarketingprogramms „Rabat – City of Lights", welches Rabat als politisches und kulturelles Zentrum Marokkos präsentieren und gleichzeitig auf ein internationales Niveau heben soll. Das sechsphasige Projekt wurde 2006 durch den König Mohammed VI. ins Leben gerufen und wird gesteuert durch die finanziell unabhängige halbstaatliche *L'Agence pour l'aménagement de la vallée du Bouregreg* (AAVB). Das Projekt umfasst eine enorme Größe von ca. 6.000 Hektar und beinhaltet u. a. die Entwicklung gehobener Wohngebiete, touristische, kulturelle sowie freizeitliche Einrichtungen wie einen Kreuzfahrtterminal, eine Marina und ein Theater mit 2.000 Sitzplätzen. Hinzu kommen Verkehrs- und Infrastrukturvorhaben wie der Bau der Hassan-II.-Brücke und die Entwicklung eines Straßenbahnnetzes. Trotz der enormen Größe des Projektgebiets, welches gesamtstädtische Auswirkungen nach sich zieht, wurde die AAVB, welche keinen lokalen Behörden untersteht, mit weitreichenden Kompetenzen und Rechten ausgestattet. So ist sie gemäß des Gesetzes *16-04* berechtigt, *„to develop zoning plans, organize public inquiries, provide public infrastructure, allocate land for construction, deliver construction permits, regulate all deeds of sale and expropriate private land deemed necessary for the project."* (BOGAERT 2018b: 8) Darüber hinaus bekam die AAVB den gesamten öffentlichen Grund kostenfrei vom Staat übereignet. Wie auch die Megaprojekte in Casablanca sind die Vorhaben an den Bedürfnissen und den Renditenmöglichkeiten internationaler Investoren ausgerichtet, was z. B. die Novelle eines Teils der ersten Phase zeigt, bei der eine ursprünglich als öffentlicher Raum geplante Esplanade am Flussufer im Plan durch eine Gated Community ersetzt wurde. Es zeigt aber auch die geringen Einflussmöglichkeiten der lokalen Bevölkerung, vor allem der für das Projekt umgesiedelten *„Bidonvillois"*. (BOGAERT 2018b: 8f; TADAMUN INITIATIVE 2018)

4. Schlussbetrachtung

Die aktuelle marokkanische Stadtentwicklung ist ein Musterbeispiel für neoliberale Stadtentwicklung und das verfolgen von "Worlding"-Strategien. Im Zentrum stehen dabei prestigeträchtige Megaprojekte, die durch private oder finanziell unabhängige halbstaatliche Stadtentwicklungsagenturen realisiert und kontrolliert werden. Damit entziehen sich die Projektentwickler der Kontrolle der lokalen Behörden und unterstehen indirekt nur dem Willen des marokkanischen Königs. Dies hat auch negative Folgen für die Partizipationsmöglichkeiten der lokalen Bevölkerung, insbesondere der Bewohner der vielen *„Bidonvilles"*, die Umsiedlungsmaßnahmen u. ä. zumeist schutzlos ausgeliefert sind. In der Literatur werden die Ergebnisse von sozialen Projekten wie dem Programm *„Villes sans Bidonvilles"* daher überwiegend eher als Reproduktion statt Verringerung von Armut gesehen.

Auf der anderen Seite stehen die *„world class"* Stadtentwicklungsprojekte mit spektakulärer Architektur und modernster Infrastruktur in den besten Lagen der großen Städte. Im Fokus stehen hier nicht soziale Durchmischung oder die Steigerung der Attraktivität der Stadt für *alle* Stadtbewohner, sondern die Bedürfnisse internationaler Investoren und zahlungskräftiger Touristen sowie reicher Marokkaner, sodass die Projekte derart gestaltet sind, dass sie möglichst hohe Renditen versprechen bzw. ein zahlungskräftiges Publikum ansprechen. Die Folge ist eine Fragmentierung der marokkanischen Städte, da es sich bei den meisten Megaprojekten um in sich geschlossene Projekträume handelt. Dies wird auch durch die institutionelle *Agencification* der Stadtentwicklung begünstigt, da den übergeordneten Stadtentwicklungsbehörden, die eine kohärente gesamtstädtische Entwicklung in den Blick nehmen könnten, Kompetenzen über wichtige Teile des städtischen Raumes entzogen wurden.

Die in dieser Arbeit näher betrachteten Städte Casablanca und Rabat sind mit ihren Megaprojekten Musterbeispiele für eine globalisierte, neoliberale Stadtentwicklung sowie die Strategie des „Worlding". Sie zeigen jeweils die gleichen Formen von Klientelismus, werden jeweils von unabhängigen, aber mit weitreichenden Kompetenzen ausgestatteten Agenturen realisiert und verfolgen das Ziel der Erlangung des Status einer *„world class city"*. In diesem Zusammenhang zeigen auch Projeke wie die *EcoCity Zenata*, dass grüne und nachhaltige Projekte in Marokko an Bedeutung gewinnen. Der Grad der Berücksichtigung der sozialen Komponente nachhaltiger Stadtentwicklung bzw. der Interessen der politisch und wirtschaftlich marginalisierten Bevölkerungsschichten ist jedoch stark projektbezogen.

Alles in allem kann festgehalten werden, dass die aktuellen Stadtentwicklungsprojekte in Marokkos Metropolen für sich gesehen den Anforderungen einer modernen, globalisierten Stadt des 21. Jahrhunderts weitestgehend gerecht werden und viele Parallelen zu Projekten in Städten in hochentwickelten Ländern aufzeigen (bspw. Bedeutung von Waterfront-Development), jedoch gesamtstädtisch Städte wie Casablanca und Rabat noch viele für Megastädte des „globalen Südens" charakteristische Probleme zu bewältigen haben. Hier gilt es vor allem die Bedürfnisse und Probleme der marginalisierten Bevölkerungsschichten wie z. B. der Wohnraummangel bei gleichzeitig hoher Zahl an Leerständen oder die unzureichende verkehrliche Anbindung vieler ärmerer, in der Peripherie der Städte gelegener Viertel in den Blick zu nehmen, sodass alle Bevölkerungsschichten an den positiven Entwicklungen der eher exklusiven statt inklusiven Stadtentwicklungsprojekte partizipieren können.

Literaturverzeichnis

AGENCE D'URBANISATION ET DE DÉVELOPPEMENT D'ANFA (2021):
Projets en Développment. Abrufbar unter:
https://casaanfa.com/fr/projets.html (letzter Abruf: 09.01.2021).

ATIA, M. (2019): Refusing a "City without Slums": Moroccan slum dwellers'
nonmovements and the art of presence. In: Cities. Abrufbar unter:
10.1016/j.cities.2019.02.014.

BALLOUT, J.-M. (2017): Un bilan intermédiaire du Programme de villes
nouvelles au Maroc. In: Les Cahiers d'EMAM H. 29. Abrufbar unter:
10.4000/emam.1316.

BARTHEL, P.-A. (2014): Global Waterfronts in the Maghreb: A Mere Replication
of Dubai? Case Studies from Morocco and Tunisia. In: WIPPEL, S.,
BROMBER, K., STEINER, C. u. B. Krawietz. Under construction: Logics of
urbanism in the Gulf Region. (Routledge) 247–258.

BARTHEL, P.-A. (2016): Morocco in the era of eco-urbanism. In: Smart and
Sustainable Built Environment 5 H. 3. S. 272–288. Abrufbar unter:
10.1108/SASBE-05-2014-0033.

BARTHEL, P.-A. u. S. Planel (2010): Tanger-Med and Casa-Marina, Prestige
Projects in Morocco: New Capitalist Frameworks and Local Context. In:
Building Environment 36 H. 2. S. 176–191.

BEIER, R. (2018): Zwischen Rebellion und Global City. Stadtentwicklung in
Marokko. In: Dossier als Beilage zur Zeitschrift Weltsichten H. 9. S. 16–17.

BEIER, R. (2019): Worlding Cities in the Middle East and North Africa –
Arguments for a Conceptual Turn. Abrufbar unter:
10.17192/meta.2019.12.7828.

BEIER, R. (2020): The world-class city comes by tramway: Reframing
Casablanca's urban peripheries through public transport. In: Urban Studies
57 H. 9. S. 1827–1844. Abrufbar unter: 10.1177/0042098019853475.

BEIER, R. u. A. Nolte (2020): Global aspirations and local (dis-)connections: A
critical comparative perspective on tramway projects in Casablanca and
Jerusalem. In: Political Geography 78. Abrufbar unter:
10.1016/j.polgeo.2019.102123.

BOGAERT, K. (2011): Urban Politics in Morocco. Uneven Development, Neoliberal Government and the Restructuring of State Power. (Department of Conflict and Development Studies) Gent.

BOGAERT, K. (2018a): Globalized Authoritarianism. Megaprojects, Slums, and Class Relations in Urban Morocco. (University of Minnesota Press).

BOGAERT, K. (2018b): Globalized Authoritarianism and the New Moroccan City. In: Middle East Report 48 H. 287. S. 6–10.

CAISSE DE DÉPOT ET DE GESTION (2021a): Carte de projets de CDG Développement. Abrufbar unter: https://www.cdg.ma/fr/en-images?allp=1 (letzter Abruf: 08.01.2021).

CAISSE DE DÉPOT ET DE GESTION (2021b): Urban Planning. Al Manar. Abrufbar unter: https://www.cdg.ma/en/al-manar-0 (letzter Abruf: 09.01.2021).

CAISSE DE DÉPOT ET DE GESTION (2021c): Urban Planning. AUDA. Abrufbar unter: https://www.cdg.ma/en/auda (letzter Abruf: 07.01.2021).

CAISSE DE DÉPOT ET DE GESTION (2021d): Urban Planning. SAZ. Abrufbar unter: https://www.cdg.ma/en/saz (letzter Abruf: 09.01.2020).

CENTER FOR MEDITERRANEAN INTEGRATION (2019): Urban and Territorial Development Projects in the Mediterranean. A Compendium of Experiences of the CMI Urban Hub. Abrufbar unter: http://documents1.worldbank.org/curated/fr/872621562236382008/pdf/Urban-and-Territorial-Development-Projects-in-the-Mediterranean-A-Compendium-of-Experiences-of-the-CMI-Urban-Hub.pdf (letzter Abruf: 09.01.2020).

ENVIRONMENTAL JUSTICE ATLAS (2017): Avenue Royale. Casablanca, Morocco. Abrufbar unter: https://file.ejatlas.org/img/Conflict/2956/Urbanisme.jpg (letzter Abruf: 07.01.2020).

ESCHER, A., PETERMANN, S., ARNOLD u. GREGOR (2018): Das neue Marrakech – eine Materialisierung des Mythos von Tausendundeiner Nacht? In: Geographische Rundschau H. 7/8. S. 52–57.

GRAUSAM, M., RID, W., ZIMMERMANN, S. u. M. Schmidt (2014): Urban made: Nachhaltiger Siedlungs- und Wohnungsbau in Marokko und Deutschland ; Ergebnisse des Kooperationsprojektes "Villes Nouvelles". (Technische Informationsbibliothek u. Universitätsbibliothek).

HAFENCITY HAMBURG (2020): Projekt HafenCity. Daten & Fakten zur HafenCity Hamburg. Abrufbar unter: https://www.hafencity.com/de/ueberblick/daten-fakten-zur-hafencity-hamburg.html (letzter Abruf: 09.01.2021).

HAJJI, K. (2020): Les grands projets urbains entre global et local une étude de cas comparative de Casablanca et de Genève à travers les logiques de marché et les résistances locales. (Lausanne, EPFL).

TADAMUN INITIATIVE (2018): Redevelopment of the Moroccan Bouregreg River Valley. Megaprojects, New Institutional Structures, and Citizen Responses. Abrufbar unter: http://www.tadamun.co/redevelopment-moroccan-bouregreg-river-valley/?lang=en (letzter Abruf: 07.01.2021).

THE BUSINESS YEAR (2020): Morocco 2020/21. The sky is the limit. Abrufbar unter: https://www.thebusinessyear.com/morocco-202021/the-sky-is-the-limit/focus (letzter Abruf: 02.01.2021).

URBAN SUSTAINABILITY EXCHANGE (2021): Restructuring Avenue Royale: an urban integrated project. Abrufbar unter: https://use.metropolis.org/case-studies/restructuring-avenue-royale#casestudydetail (letzter Abruf: 08.01.2021).

WIPPEL, S. (2019): Stadtentwicklung in Tanger: Rekonfigurationen des Urbanen im neoliberalen Kontext. In: AL-HAMARNEH, A., MARGRAFF, J., SCHARFENORT, N., (DF, D. F., BERLIN, F. U. u. J. G.-U. Main. Neoliberale Urbanisierung. (transcript-Verlag) 33–74.

ZEMNI, S. u. K. Bogaert (2011): Urban renewal and social development in Morocco in an age of neoliberal government. In: Review of African Political Economy 38 H. 129. S. 403–417. Abrufbar unter: 10.1080/03056244.2011.603180.